あなたが世界を変える日

12歳の少女が環境サミットで語った伝説のスピーチ

セヴァン・カリス=スズキ/著　ナマケモノ倶楽部/編・訳

学陽書房

1992年6月11日。
ブラジルのリオ・デ・ジャネイロで開かれた
国連の地球環境サミット。
カナダ人の12歳の少女が、
いならぶ世界各国のリーダーたちを前に
わずか6分間のスピーチをした。

そのことばは、
人々の強い感動を呼び、世界中をかけめぐり、
いつしか「リオの伝説のスピーチ」と呼ばれるようになった。

「私たちひとりひとりの力が世界を変えていける」
ということを、
いまも世界中に伝えつづけている少女の言葉を、
あなたに届けます。

リオ地球環境サミットのスピーチから

こんにちは、セヴァン・スズキです。
エコを代表してお話しします。

エコというのは、子ども環境運動
(エンヴァイロンメンタル・チルドレンズ・
オーガニゼーション)の略です。
カナダの12歳から13歳の子どもたちの集まりで、
今の世界を変えるためにがんばっています。
あなたたち大人のみなさんにも、
ぜひ生き方を変えていただくようお願いするために、
自分たちで費用をためて、カナダからブラジルまで
1万キロの旅をしてきました。

今日の私の話には、
ウラもオモテもありません
なぜって、私が環境運動をしているのは、
私自身の未来のため。
自分の未来を失うことは、選挙で負けたり、
株で損したりするのとはわけがちがうんですから。

Hello, I'm Severn Suzuki speaking on behalf of ECO,
the Environmental Children's Organization.
We're a group of twelve-and thirteen-year-olds
from Canada trying to make a difference.
We raised all the money ourselves to come six thousand
miles to tell you adults you *must* change your ways.
Coming up here today, I have no hidden agenda.
I am fighting for my future. Losing my future is not
like losing an election or a few points on
the stock market.

私がここに立って
話をしているのは、
未来に生きる子どもたちのためです。
世界中の飢えに苦しむ
子どもたちのためです。
そして、もう行くところもなく、
死に絶えようとしている
無数の動物たちのためです。

I am here to speak for all future generations.
I am here to speak on behalf of the starving children around the world
whose cries go unheard. I am here to speak for the countless animals
dying across this planet because they have nowhere left to go.

I am afraid to go out in the sun now because of the holes in the ozone.
I am afraid to breathe the air because I don't know what chemicals are in it.
I used to go fishing in Vancouver with my dad until just a few years ago
we found the fish full of cancers. And now we hear about animals and plants
becoming extinct every day - vanishing forever.

太陽のもとにでるのが、私はこわい。
オゾン層に穴があいたから。
呼吸をすることさえこわい。
空気にどんな毒が
入っているかもしれないから。

父とよくバンクーバーで
釣りをしたものです。
数年前に、体中ガンでおかされた
魚に出会うまで。
そして今、動物や植物たちが
毎日のように絶滅していくのを、
私たちは耳にします。

**それらは、もう永遠に
もどってはこないんです。**

In my life, I have dreamt of seeing great herds of wild animals,
jungles and rainforests full of birds and butterflies,
but now I wonder if they will even exist for my children to see.
Did you have to worry about these things when you were my age?
All this is happening before our eyes and yet we act as if we have all
the time we want and all the solutions.
I'm only a child and I don't have all the solutions, but I want you to
realize, neither do you!

私の世代には、夢があります。

いつか野生の動物たちの群れや、
たくさんの鳥や蝶が舞うジャングルを見ることです。
でも、私の子どもたちの世代は、
もうそんな夢をもつこともできなくなるのではないか？
あなたたちは、私ぐらいの歳のときに、
そんなことを心配したことがありますか。

こんな大変なことが、
ものすごいいきおいで起こっているのに、
私たち人間ときたら、まるでまだまだ余裕があるような
のんきな顔をしています。
まだ子どもの私には、この危機を救うのに
なにをしたらいいのかはっきりわかりません。
でも、あなたたち大人にも知ってほしいんです。
あなたたちもよい解決法なんて
もっていないっていうことを。

オゾン層にあいた穴を
どうやってふさぐのか、
あなたは知らないでしょう。

死んだ川に
どうやってサケを呼びもどすのか、
あなたは知らないでしょう。

You don't know how to fix the holes in our ozone layer.
You don't know how to bring salmon back to a dead stream.

You don't know how to bring back an animal now extinct.
And you can't bring back the forests that once grew where there is now a desert.

絶滅した動物を
どうやって生きかえらせるのか、
あなたは知らないでしょう。

そして、
今や砂漠となってしまった場所に
どうやって森をよみがえらせるのか、
あなたは知らないでしょう。

どうやって直すのか
わからないものを、
こわしつづけるのは
もうやめてください。

If you don't know how to fix it, please stop breaking it!

ここでは、あなたたちは
政府とか企業とか団体とかの代表でしょう。
あるいは、報道関係者か政治家かもしれない。
でもほんとうは、あなたたちも
だれかの母親であり、父親であり、
姉妹であり、兄弟であり、おばであり、おじなんです。
そしてあなたたちのだれもが、だれかの子どもなんです。

私はまだ子どもですが、
ここにいる私たちみんなが
同じ大きな家族の一員であることを知っています。
そうです50億以上の人間からなる大家族。
いいえ、じつは
3千万種類の生物からなる大家族です。
国境や各国の政府が
どんなに私たちを分けへだてようとしても、
このことは変えようがありません。

Here you may be delegates of your governments, businesspeople, organizers, reporters or politicians. But really you are mothers and fathers, sisters and brothers, aunts and uncles. And each of you is somebody's child.
I'm only a child yet I know we are all part of a family, five billion strong–in fact, thirty million species strong–and borders and governments will never change that.

私は子どもですが、
みんながこの大家族の一員であり、
ひとつの目標に向けて心をひとつにして
行動しなければならないことを知っています。
私は怒っています。
でも、自分を見失ってはいません。
私はこわい。

でも、自分の気持ちを世界中に伝えることを、私はおそれません。

I'm only a child yet I know we are all in this together and should act as one single world towards one single goal. In my anger I am not blind, and in my fear I'm not afraid to tell the world how I feel.

私の国でのむだづかいはたいへんなものです。
買っては捨て、また買っては捨てています。
それでも物を浪費しつづける北の国々は、
南の国々と富をわかちあおうとはしません。
物がありあまっているのに、
私たちは自分の富を、そのほんの少しでも
手ばなすのがこわいんです。

In my country we make so much waste. We buy and throw away, buy and throw away. And yet northern countries will not share with the needy. Even when we have more than enough, we are afraid to lose some of our wealth, afraid to let go.

カナダの私たちは
十分な食べものと水と住まいを持つ
めぐまれた生活をしています。
時計、自転車、コンピューター、テレビ、
私たちの持っているものを数えあげたら
何日もかかることでしょう。

In Canada, we live a privileged life with plenty of food, water and shelter. We have watches, bicycles, computers and television sets–the list could go on for days.

2日前ここブラジルで、
家のないストリートチルドレンと出会い、
私たちはショックを受けました。
ひとりの子どもが私たちにこう言いました。

「ぼくが金持ちだったらなぁ。
もしそうなら、家のない子すべてに、
食べものと、着るものと、
薬と、住む場所と、
やさしさと愛情をあげるのに」

家もなにもないひとりの子どもが、
わかちあうことを考えているというのに、
すべてを持っている私たちが
こんなに欲が深いのは、
いったいどうしてなんでしょう。

Two days ago here in Brazil, we were shocked when we spent time with some children living on the streets. And this is what one child told us:
"I wish I was rich. And if I were, I would give all the street children food, clothes, medicine, shelter and love and affection."
If a child on the street who has nothing is willing to share, why are we who have everything still so greedy?

これらのめぐまれない子どもたちが、
私と同じぐらいの歳だということが、
私の頭をはなれません。
どこに生まれついたかによって、
こんなにも人生がちがってしまう。
私がリオの貧民街(ひんみんがい)に住む
子どものひとりだったかもしれないんです。
ソマリアの飢えた子どもだったかも、
中東の戦争で犠牲(ぎせい)になるか、
インドで物乞(ものこ)いをしていたかもしれないんです。

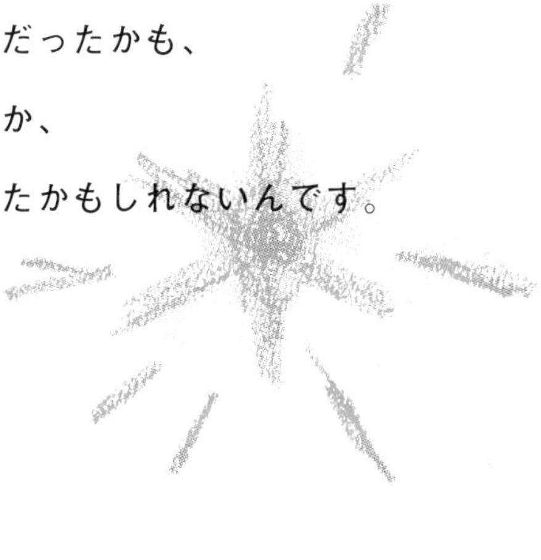

I can't stop thinking that these children are my own age, and that it makes a tremendous difference where you are born. I could be one of those children living in the *favellas* of Rio, I could be a child starving in Somalia, a victim of war in the Middle East or a beggar in India.

もし戦争のために
使われているお金をぜんぶ、
貧（まず）しさと環境問題（もんだい）を
解決するために使えば、
この地球は
すばらしい星になるでしょう。
私はまだ子どもだけど
そのことを知っています。

I'm only a child yet I know if all the money spent on *war* was spent on ending poverty and finding environmental answers, what a wonderful place this Earth would be.

学校で、いや、幼稚園でさえ、
あなたたち大人は私たち子どもに、
世のなかでどうふるまうかを教えてくれます。

たとえば、

争いをしないこと
話しあいで解決すること
他人を尊重すること
ちらかしたら自分でかたづけること
ほかの生き物をむやみに傷つけないこと
わかちあうこと
そして欲ばらないこと

ならばなぜ、あなたたちは、
私たちにするなということを
しているんですか。

At school, even in kindergarten, you teach us how to
behave in the world. You teach us:
not to fight with others
to work things out
to respect others
to clean up our mess
not to hurt other creatures
to share, not be greedy
Then why do you go out and do the things you tell us
not to do?

なぜあなたたちが今
こうした会議に出席しているのか、
どうか忘(わす)れないでください。
そしていったいだれのためにやっているのか。

それはあなたたちの子ども、
つまり私たちのためです。
みなさんはこうした会議で、
私たちがどんな世界に育ち
生きていくのかを
決めているんです。

Do not forget why you are attending these conferences,
who you are doing this for–we are your own children.
You are deciding what kind of world we will grow up in.

親たちはよく
「だいじょうぶ。すべてうまくいくよ」
といって子どもたちをなぐさめるものです。
あるいは、
「できるだけのことはしてるから」とか、
「この世の終わりじゃあるまいし」とか。
しかし大人たちは
もうこんななぐさめの言葉さえ
使うことができなくなっているようです。

おききしますが、
私たち子どもの未来を
真剣(しんけん)に考えたことがありますか。

Parents should be able to comfort their children by saying,
"Everything's going to be all right"; "We're doing the best we
can" and "It's not the end of the world."
But I don't think you can say that to us anymore.
Are we even on your list of priorities?

父はいつも私に不言実行、つまり、
なにをいうかではなく、なにをするかで
その人の値うちが決まる、といいます。
しかしあなたたち大人が
やっていることのせいで、
私たちは泣いています。

あなたたちはいつも
私たちを愛しているといいます。
しかし、いわせてください。

もしそのことばがほんとうなら、どうか、ほんとうだということを行動でしめしてください。

最後まで私の話をきいてくださって
ありがとうございました。

My dad always says, "You are what you *do*, not what you *say*."
Well, what you do makes me cry at night.
You grown ups say you love us. I challenge you, *please*, make
your actions reflect your words.
Thank you for listening.

私がなぜリオ地球環境サミットで
スピーチすることになったのか、
そしてそれから…

幼いころからの自然との出会い

　私は子ども時代の半分をブリティッシュ・コロンビア州ですごしました。そこではキャンプしたり、ハイキングしたり、潮だまりを探検したり…。残りの半分はトロントですごしました。トロントは大都会ですが、私たちの家族はそこでもアウトドアを楽しみました。私たちは週末ごとに近くの海や近郊のいなかにでかけたものです。

　妹と私は自分たちが集めたいろいろなもので博物館をつくりました。すてきなものを集めて展示しては、あれこれ説明して遊ぶのです。
　ブリティッシュ・コロンビアでもトロントでも、アウトドアの生活は私にとっていつも楽しい場所でした。そしてやがて私は、さらにその外にある世界について耳にしたのです。

　私が8歳、そして妹のサリカが5歳だったときのこと。両親は南米のアマゾンで計画されていた一連の水力発電ダム建設を阻止する闘いに深くかかわるようになりました。もしこれらのダムがつくられたら、何百もの先住民の村が立ち退きをせまられ、何千種もの野性動物や鳥がすみかを失うのです。大規模な先住民の会議が開催され、電力会社

家族で海やいなかに出かけることの多かった子ども時代(5歳)のセヴァン

と交渉しました。そして最後に、先住民の連合は勝利をおさめたのです。世界銀行はダム建設のための融資を見合わせました。今日にいたるまでダムはつくられていません。

　私は、ブラジルから帰った両親のおみやげ話に聞き入ったのを覚えています。そして聞きながら、ああ、どんなに胸おどる旅だったろうと想像したことも忘れられない思い出です。

　ダム建設はくいとめたものの、その闘いのリーダーだったカヤポ族の男の人のところに「殺すぞ」という脅迫がくるようになりました。かれは状況がしずまるまで、妻と三

人の子どもをつれて、カナダにある私たちの家でくらすことを決めました！　想像してみてください。低地アマゾンの熱帯雨林で、石器時代同様の生活をしていた家族が、バンクーバーの町にやってきたのです。

　かれらは私たちといっしょに６週間すごしました。そのあいだ、両親と妹と私は、かれらといっしょにブリティッシュ・コロンビア州を旅してまわりました。そしてあちこちでミーティングを企画し、アマゾンのカヤポ族のリーダーとカナダの先住民が、これから自分たちがかかえている問題をどう解決していくかについて意見交換し、文化交流をする機会を設けました。

　私たちはこのカヤポ族の家族ととても親しくなりました。私たちはかれらがこれまで見たこともない雪や海を見せてあげました。かれらのいちばんのお気に入りはといえば、それはなんといっても…水族館のクジラだったのです！

　そして、次の年の夏、アマゾンに戻ったそのカヤポ族の家族が、低地アマゾンのシングー渓谷奥深くにあるかれらの小さな村に私たちを招待してくれました。

アマゾンへの旅

　それはそれは強烈な旅でした！　大変な奥地で、そこまでたどりつくのに４日もかかったほどです。最後には小さ

な飛行機に乗って、一時間、延々と熱帯雨林の海のうえを飛びつづけた後、ようやくカヤポの村のせまい土の滑走路に着陸しました。

　そのとき飛行機の窓から見た光景は生涯忘れられないでしょう。はだかのからだにさまざまな模様をえがいた、たくさんの人たちが、私たちにあいさつしようとやってくるのです。まるでちがう惑星に着陸したみたいでした。

　妹と私はカナダでともにすごした友だちに再会し、ほかのカヤポの子どもたちともすぐ友だちになりました。おたがいの言葉がわからないことは、なんの障害にもなりませんでした。

　カヤポの人たちは私たちに多くのものを見せてくれました。どうやって電気ウナギをつかまえるのか。どうやって弓矢でツクナレという魚をとるのか。どこにカメは卵を隠すのか。かれらは私たちを森に散歩につれていき、昼ごはんに新鮮なパパイヤを切ってくれました。私たちは川で泳ぎ、岸辺では人々が小さなピラニアを釣っていました。カヤポの人々が何千年も生きてきたのと同じようにして、私たちは毎日をすごしました。

　アウクレでのそのときの経験は、私の心に永久にきざみこまれました。私はアウクレで、ブラジル・アマゾンの森と恋に落ち、そして大きくなったら生物学を学ぼうと心に決めたのです。

けれども、私たち家族はその世界の人間ではありません。やがて私たちがそこを去らなければならない日がやってきました。小さな土の滑走路に降り立ったむかえの小さな飛行機が、私たちを乗せて飛び立ちます。また森林をこえて、はるかレデンカオの都会にむかって。

　しかし、海のように見える森のはしの方を見ると、なんと森が燃えているのです！　よく見ると、大きな火の手があちこちにあがっていて、そこから煙が渦巻いてのぼっています。まもなく私たちの乗っている飛行機も厚い煙に巻きこまれました。太陽に向かってまっすぐ目を開けていられるほどで、煙は飛行機のなかまで入りこんできました。

　この経験が私の人生を変えました。アマゾンの奥地に信じられないような別世界が存在することを知ったとたんに、その世界が燃えているのを見ることになるなんて！その火事の背景にある経済的な理由や、そのほかの事情はそのときの私にはわかりません。ただ、「これはまちがっている」と、私は直感したのです。

ECO（子ども環境運動）を立ちあげる

　私はカナダにもどり、バンクーバーで５年生になりました。私は自分が見てきたすばらしい場所のことを友だちに話しました。そして、このすばらしい世界が燃えていた話

もしました。かれらも自分たちをとりまく「環境」に問題が起こっているということは聞いて関心をもっていました。話し合ううちに、いったいなにが起こっているのかもっと知らなくては、ということになりました。

そこで私たちは小さなクラブを結成し、それをＥＣＯ（子ども環境運動）と名づけました。そしてどんなことでも、環境について私たちに教えてくれる人にはどんどん声をかけていき、やがて私たちはいろいろと小さなプロジェクトをつくり、活動を始めました。

まず私たちは地元の海岸掃除をしました。サラワク（マレーシア）の森に住むペナン民族を支援する集まりに出かけていったのがきっかけになって、かれらの村のために浄水装置を買うお金を集めるお手伝いをしました。ペナンの人々は森林伐採のせいで小川が汚染されてこまっていたのです。

地元の青年団体のたすけで、私たちは定期的にニュースレターを発行しました。私たちが学んだ情報を、同世代の子どもたちとわかちあうためです。

ＥＣＯの活動はすごく楽しいものでした。集まっておしゃべりするだけでも楽しいのに、お母さんにつくってもらったクッキーを食べながら、いつも新しくておもしろいことを学んでいたんですから。

私たちはオゾン層に穴があいていること、大気汚染が気候を変えてしまうことを学びました。多くの森林がアマゾンと同じように破壊されつつあることを学びました。
　これらはどれも私たちの手に負えないようなおそろしい事実です。でも、友だちと小さなプロジェクトにいっしょに取り組んでいるうちに、私たちはこれらの問題を解決するために努力することを楽しめるようになっていきました。

若者の代表を地球環境サミットへ！

　11歳のとき、私は各国のいちばん力のある政治家や首脳が集まって世界最大規模の会合が開かれるといううわさを耳にしました。
　1992年にブラジルのリオ・デ・ジャネイロで開かれるというこの会合で、国連は、20世紀の残された期間の世界の進み方を決めようとしているというのです。また21世紀に向けて、世界中が、未来を犠牲にするような現在のやりかたをあらためて、持続可能な、つまり未来の世代に迷惑をかけない生き方ができるようになるための出発点にしたいと望んでいるというのです。

　私は、この会議の結果によってもっとも大きな影響を受

けるのは私たち子どもなのに、この会議には若い世代の代表がだれもいないことを知りました！　そして、私と友だちは、ＥＣＯこそ子どもたちの代表としてブラジルに行くべきだ！　と決意したのです。

　大人たちは私たちの決意を聞いて、おまえたちは頭がおかしい、会議には３万人もの人たちが参加するのだ、動物園みたいなもので、人のあいだでもみくちゃにされるのがオチだ、といいました。
　でも私はかなり頑固なほうなのです。私は仲間たちといっしょにまわりの人々にこの考えを訴えつづけました。すると、とつぜんみんなは私たちにカンパをしてくれるようになったのです！

　もらってはみたものの、じつはそのお金をどうしたらいいのかわかりません。それを知って、母が協力してくれるようになりました。これは案外うまくいくかもしれないと思いはじめたようです。

　私たちはお菓子を焼いて売ったり、持っている本を売ったり、アクセサリーをつくって売ったりしました。ほかの団体の若い活動家たちが、資金集めの方法を教えてくれました。資金なしにものを売る場所（ブース）を借りる方法とか、イベントを宣伝する方法とか。両親は、どうすれば

私たちの主張をしっかり人々に伝えることができるのか、スピーチの方法をコーチしてくれました。

地元の人たちの支援で、私たちは5人の代表をリオに送るのに十分なお金を集めることができたのです！

地球環境サミットでのスピーチ

両親の言ったとおり、リオは動物園みたいな大変なさわぎでした。中心街には軍隊がいっぱい、街じゅうでいろんなイベントがくりひろげられていました。

私たちはNGOグローバルフォーラムのブースをひとつ借り、興味をもってくれる人になら だれにでも声をかけました。機会があればどこででもちょっとしたスピーチをしました。どんなインタビューにも応じて、質問に答えました。

そしてとうとう、リオ滞在予定の最終日、ぎりぎり最後の瞬間に私たちは大きなチャンスをつかんだのです。ユニセフ（国連児童基金）の代表であるグラント氏が、「子どもたちも全体会議に参加させるべきだ」と言ったのを受けて、リオ地球環境サミットの議長であるモーリス・ストロング氏は、私たちがそこでスピーチできるようとりはからってくれたのです。

リオ環境サミットでスピーチする12歳のセヴァン

　世界のリーダーが集まる地球環境サミット政策会議の会場に向かって、ガタガタゆれるタクシーのなかで、半狂乱になってスピーチの原稿をなぐり書きしたことをいまでも覚えています。私と４人の仲間たちは、世界のリーダーたちに言いたいことのすべてを、なんとかひとつのスピーチにまとめようと無我夢中でした。

　私たちは警備のかべを無事通りぬけて、会議場にかけこみました。大きい会場に堂々と座っているリーダーたちを前にしてあがってしまうひまさえ私たちにはありませんでした。スピーチのために私にあたえられているのは６分間でした…。

　私は自分が12歳であること、なにが私にとって大事であるかを話しました。森や海が大好きだということ、そし

て、健康であるためにはきれいな空気や水が必要であることを話しました。私は自分の将来について恐怖をいだいていることも話しました。経済人としての義務や政治家の義務より、まず親として、祖父母としての責任を果たしてほしいと言いました。自分たちのくだす決定が、ほかならぬ自分の子どもたちに影響をおよぼすということを思い出してほしいと訴えました。

　スピーチが終わったとき、人々は立ちあがって泣いていました。人々の反応の激しさに私は驚くばかりでした。政治家、各国の代表、会場係の人々までが目に涙をいっぱいためて、ほんとうに大事なことを思い出させてくれてありがとう、と私たちに言いました。私のスピーチのビデオはさっそくサミット会場と国連じゅうで再放映されました。

変化が起こった！

　私たちがやりとげたいと言いつづけていたことをほんとうに実現できるなんて、だれが想像したことでしょう。私がリオからカナダにもどってみると、すべては一変していました。私は世界中のありとあらゆるところから講演依頼を受けました。最初のスピーチをさせてもらうまではあんなに苦労したのに、いまや若者代表としてさまざまな会議

に招待されるのですから、ほんとうに信じられません。

　それ以来、私はたくさんスピーチをしてきました。リオ地球環境サミット以来、世界中をかけめぐって、大人たちにはこれからの世代のために環境と世界の資源をまもってくれるよう、そして子どもたちには勇気を出して声をあげていくよう、いっしょうけんめい語りかけてきました。

　サミットから５年後の1997年には国連の会議に招待されて、ふたたびブラジルのリオにもどりました。これは環境問題をめぐる５年間の成果をふりかえるための会議ですが、今回は前のような苦労なしに、私の意見を熱心に聞いてもらうことができました。私はロシアのゴルバチョフ大統領をはじめ、世界のリーダーや有名人と共に、地球憲章委員会のメンバーとなったのです。

　私がみなさんにこの話をするのは、ＥＣＯがくりかえし言いつづけてきたことがまちがっていないということを示していると思うからです。それは、やろうと思えば、あなたにもできる、ということです。あなたの言いたいことを人々に聞いてもらうことはほんとうに可能なのです。自分の自然への愛情が、結局どのようなできごとを引き起こしていくかなんて、私だって夢にも思わなかったんですから。

　私は今は大学で生物学を学んでいます。化学や生物シス

テム論や進化論や生態学などを学ぶうち、科学というものが自然について私がすでにもっていた知識をおぎなってくれることに気づきました。

　光合成について、また水の循環について、科学的に学べば学ぶほど、私の自然に対する畏敬の念は高まります。そして、学べば学ぶほど、人類がくるわせつつあるこの驚くべき自然界のバランスを回復するために努力しなくてはならないという私の信念は強くなるのです。

　地球温暖化などの気候変動ほど、自然のバランスがおかしくなっていることをよく示しているものはたぶんないでしょう。大気汚染で多くの人が病気になり、死んでいます。動植物もすごいペースで絶滅しつつあります。

　これらはみな私たち人類の生活の仕方に関係しているのです。私たちのくらしは多くの点で持続可能ではありません。世界を破滅へと導くような生き方をつづけるなんてバカげています。

　ここ、北米では、私たちはあふれるモノで押しつぶされそうです。私たちはまるで競い合うように買い物をしつづけています。

　一方、ほかの国々では多くの人々が飢えています。世界の不平等はすさまじい状態なのです。そして私の意見ではこの不平等が暴力という結果を生みだします。

このことは2001年9月11日にアメリカで起こったテロ事件を見ればあまりに明らかです。持てる者と持たざる者との格差はひろがる一方です。

　私たちの世代こそが、このおそろしい流れをくいとめ、ひっくり返さなければなりません。

　しかし、北米の人々はまだそれをおそれています——かれらは今、手にしている安楽を手放すことをおそれているようです。でも私たちは快適さを手放す必要はありません。
　アマゾンで私が体験してきたように、私たちを幸せにするのはモノではありません。より少なく所有すればするほど、私たちのくらしはよくなります。私たちはより自由になり、モノにとらわれて、それを追いもとめなくてすむ分、働かなくてもよくなり、余暇もできます。そして、人生においてもっと大事なことがらをゆっくり考えるゆとりがでてきます。
　そのほうがずっと幸せではないでしょうか。

世界を変えるのは私たち

　ＥＣＯでの活動と92年のリオ地球環境サミット以来、

たくさんの会議に参加してきましたが、私は社会を変革するための行動はトップ・ダウンで上から起こるものではないと思っています。それは政治家や国連の専門家に起こしてもらうものではないのです。

　私たちは自分たちで変化を起こしていかなくてはなりません。私たちこそが、「持続可能性（サスティナビリティ：将来の世代に必要なものを犠牲にすることなく、現在の必要を満たすこと）」についての専門家にならなくてはいけないのです。これはとっても大きい課題ですが、やりがいのあるチャレンジです。

　私たちはなにができるでしょうか？　まず私たちにできることは「自然から学ぶ」ことです。そとに出ましょう！　キャンプをしましょう！　公園に散歩に行きましょう！

　じつは自然こそが「持続可能性」のほんものの専門家なのです。生態系のどの部分をとっても、くわしく調べてみれば、すべてのものが調和のなかで動いていることに気づくはずです。システムのなかのすべての要素が持続可能性を維持するように働き、たがいにかかわりあって全体をつくっています。

　「持続可能性」をさがそうと思ったら、目の前にある自然のシステムを見さえすればいいと私は思っています。

　外へ出て自然と親しむもうひとつの理由、それは私たち

が自然環境とどのように深い関係をもっているのかを知るためです。自然と一体だという感覚をもちつづけるのはほんとうに重要なことです。

　だってそうでしょう。私たちが食べているもので、かつて生き物でなかったものがありますか？　私たちは呼吸しないで数分と生きていられないでしょう？　飲み水はどこからきてどこへいくんでしょう？　そうです。私たちは自然によって生かされているのです！

　自分が知りもしないもののためにどうしていっしょうけんめいになれるでしょうか？　愛してもいないもののために、どうやってたたかえるでしょうか？　人がけんめいに自然を守ろうとするのは、それなしに自分自身はありえないからです。

　とくに若者たちにとっては、自分がほんとうにおもしろいと感じるものを探求（たんきゅう）し、将来の生き方を選ぼうとしている人間として、自然とのふれあいは、いくら主張（しゅちょう）してもたりないほど大切な権利（けんり）です。

　私たちの前には未来がひろがっています。科学や環境運動や社会活動、はたまた芸術（げいじゅつ）、ビジネス、家庭、大工仕事など、私たちはなんでも自分の選んだ分野の専門家になっていくのです。

　自分の信念にしたがって、自分の選んだ分野で、なにが

いちばん大事かを忘れずに「持続可能性」への道を歩むなら、私たちの力はものすごく大きなものとなって世界を変えることになるでしょう。

　変化はかならず起こります。地球上の多くの地域では、すでに環境問題への取り組みが最優先の課題となっています。ヨーロッパにはたくさんのよい先例があります。私たちは心の目を開いて、新しい情報をキャッチし、お互いの存在を受けいれ、そして、自分をいかすにはどういう方法をとったらいいのか考えていきましょう。

　これはとてもエキサイティングな挑戦です。ニュースはくらいニュースばかりだし、科学者たちの予測も厳しいものばかりですから、時には気が重くなってくじけそうになることもあるかもしれません。でもそんなときには、私の話を思い出してください。環境について学んできたおかげで、最高におもしろい経験をすることができたんですよ！

　私は、ロシアのゴルバチョフ元大統領や、チンパンジーの研究で有名な学者のジェーン・グドール氏や、フリー・ザ・チルドレンのクレイグ・キールバーガー（12歳で児童労働についてのNGO「フリー・ザ・チルドレン」を創設。現在、世界20カ国以上に支部をもつ）といった、すばらしいインスピレーションあふれる人びとに出会いました。それは小さな種が芽を出して少しずつ成長していくよ

うなものでした。5年生のときにふとECOを結成しようと思いたったことが、その後、国連での仕事や世界中をかけめぐる活動へとふくらみ、今こうして、あなたたちに向かって語りかけることへとつながったのです。

　あなたが今いだいている興味（きょうみ）や関心（かんしん）や決意が、どのような未来へとつながっていくか、はかり知れません。そう、「持続可能性」に向けて活動していくことは、とても大きなチャレンジです。でもそれはこのうえなくやりがいのある仕事です。
　あなたもこの大事な仕事に参加（さんか）して、世界をよりよい場所へと変えていくことができるのです。ね、ワクワクするでしょ！

アマゾンのカヤポ族の子どもといっしょに遊ぶ21歳のセヴァン
（撮影：Jeff Topham）

編訳者あとがき

辻信一　中村隆市

　「私の話にはウラもオモテもありません」、居並ぶ世界のリーダーたちを前に12歳のセヴァンはこう話し始めました。場所はブラジルのリオ・デ・ジャネイロで行われた地球環境サミット、1992年6月11日のことです。

　それからわずか6分のスピーチが世界を、たしかに、変えることになりました。リーダーたちは立ち上がってセヴァンを祝福します。涙を流しながらそれをぬぐおうともしない人たち。ロシアの前大統領ゴルバチョフが、後にアメリカの副大統領になるゴアがかけよって、サミットで一番すばらしいスピーチだったとほめたたえます。

　その場にいた人々の心をつかんだセヴァンのことばは、その後、活字となって、映像となって、世界中をかけめぐります。

　そしてあれから10年以上たった今、日本に住んでいるあなたが、この本を手にとって同じことばに耳をかたむけています。そうして、目には見えないくらいに少しずつではあるけれど、やっぱり、世界はたしかに変わっていきます。

　彼女のことばが特別な力を秘めているのはたぶん、それが「ウラもオモテもない」ことばだからでしょう。その一

方で、世の中にはうらおもてのあることばがみちみちている。

　ひとりじめにしないで分け合うこと、ちらかしたものをかたづけること、うそをつかないこと、生きものを大切にすること、暴力ではなく話し合いで解決すること。

　セヴァンのいうとおり、おとなたちは学校や家庭でこうしたことを子どもたちにいってきかせるけれど、おとなの世界でそれが守られることは多くありません。

　大人になるということは、ウラとオモテのあることばをうまく使えるようになることだと思われているようです。どうして世の中にはこんなに不正や不公平がみちているんだろう。子どもにそれをきかれると、おとなは「おまえも、おとなになればわかるさ」と答えます。戦争はなくならないし、地球環境問題はますます深刻になっている。

　たぶんセヴァンのいったとおり、本当のことが、あたりまえのことがわからないでいるのは、子どもではなくおとなたちのほうなのです。子どもに問いつめられると、おとなは「しかたなかったんだ」とか「おまえの思うほど世の中はかんたんにできてないんだ」とかといいます。

　何がどうしかたなかったのでしょうか。お父さんが子どもと遊ぶ時間がないのは、仕事のため。仕事は生活のため、お金のため。そして「おまえたち子どもの未来のため」。今もおとなたちの多くが、経済のためには環境問題や戦争がおこるのもしかたがない、と思っています。

切りすぎで森が少なくなり、とりすぎで魚が少なくなり、空気や土や水がいっそう汚れ、地球温暖化が進み、南極や北極の氷がとけて、海面が高くなり、動植物が次々に死にたえ、洪水や日でりや水不足が深刻になって争いがふえ、貧しい人々はもっと貧しくなり、食べものが不足して飢える人がふえる。
　それもこれもみんな、経済のためには、豊かさのためには、便利さのためには、お父さんの仕事のためには、家族の生活のためには、だから、子どものためには、しかたのないことだったし、これからもしかたがない。おとなであるということは、そんなあきらめをもつようになること。そしてもうそれ以上、深く考えないようにすること。

　『モモ』という物語を知っていますか。おとなたちは、時間銀行に時間をあずければそれが何倍にもなってかえってくるという正体不明の灰色の男たちのことばにだまされて忙しくなり、仕事におわれて、家族も友だちもかえりみなくなります。はじめのうちはだまされなかった子どもたちもやがて子どもらしさをなくしていきます。
　悲しいことにその様子は、おとなも子どもも忙しく仕事や受験勉強におわれている日本とそっくりです。ある日どこからともなく町にあらわれたモモという女の子だけが、灰色の男たちの正体を見ぬいて、ぬすまれた時間をとりかえすために大活躍します。

モモにだけは、おとなたちの目に見えなかったものが見える。同じように、12歳のセヴァンのウラもオモテもないことばは、おとなたちが見えないものや見ようとしないものを、見えるようにしてくれます。セヴァンは現実の世界にあらわれたモモのようです。

　セヴァンのように、私たちもあなたも、「しかたのないこと」がほんとうにしかたのないことなのかを、ひとつひとつ問いなおしていきましょう。川辺や海辺がすべてコンクリートでかためられるのはしかたのないことなのか。ゴミがふえつづけ、森がきり開かれ、虫や動物がすがたをけし、アレルギーがふえ、空気が汚れ、水が飲めなくなるのは、しかたのないことなのか。子どもの遊ぶ時間が少なくなり、おとなが働きすぎで病気になるのは、ほんとうにしかたのないことなのか、と。

　モモが灰色の男たちの正体を見ぬいたように、私たちも「豊かさ」とか「便利さ」とかというおとなたちの大好きなことばの正体をつきとめなければなりません。

　本書にも出てくるように、8歳のときに家族と一緒に南アメリカのアマゾン奥地に住むカヤポ族を訪ねたセヴァンは、それ以来、ほんとうの豊かさとは何だろう、と考えるようになったといいます。テレビもコンピューターもマクドナルドもない、いや、それどころか電気も水道もない村の子どもたちが、豊かな自然の中で、北米や日本の子どもよりいきいきと楽しそうにしているのはいったいなぜだろ

う、と。

　アマゾン奥地でなくとも、子どもたちはほんとうの豊かさがどんなことかを知っているはずなのです。川や海で遊び、森や山を歩き、魚つりをし、お弁当をひろげ、どろんこ遊びをし、焚き火をして歌い踊り、家族や友だちとおしゃべりし、くつろぎ、笑う。

　セヴァンは特別な子です。でもそれは彼女があたりまえのことを、ウラオモテのないことばであたりまえだといい、すなおに実行したという意味で、特別なだけです。

　セヴァンは遊ぶことと楽しむことが大好きな女の子です。特に自然の中でのキャンプ、山のぼり、魚つり、ハイキング、ボート、カヌー、カヤック、スキー、スノボ、サイクリング。彼女にとって、環境運動とは決してやりたいことをがまんしたり、楽しいことをしないですませることではありません。むしろ自分がすきなこと、ホッとすること、楽しいと思うことの中にこそ、世界を今よりももっとよい場所にしていくためのヒントがあると、彼女は感じているのです。

　つまり、世界のリーダーたちを前にあの歴史的なスピーチをしたセヴァンはふつうの女の子だったんです。ぜいたくではないごくふつうの楽しさが、美しさが、安らぎが世界の希望だと信じている、あなたのようなふつうの子。そんなふつうの子にも、世界を変えることができるということをセヴァンは示してくれました。

どんなにそれがささやかでちっぽけな変化に見えても、世界は、あなたのまごころや、ウラオモテのないことばや、行ないによって、たしかに少しずつよくなっていくのだということを。

　南アメリカのキチュア民族にこんなお話があります。山火事で森が燃えていました。虫や鳥や動物たちはわれ先にとにげていきました。しかし、ハチドリだけがいったりきたり、口ばしで水のしずくを運んでは、火の上に落としています。いつもいばっている大きなけものたちがそれを見て、「そんなことをしていったい何になるんだ」と笑います。ハチドリはこう答えました。「私は私のできることをしているだけ」。
　問題の大きさや難しさを前にして気がくじけそうになったときには、セヴァンのことを思いだし、またこの本を手にとってみてください。

2003年　初夏
　ナマケモノ倶楽部代表　　　辻信一　中村隆市

> **資料1**

日本に住む私たちが果たすべき環境への責任

RECOGNITION OF RESPONSIBILITY (ROR)-JAPAN

(以下の声明文は、アメリカの大学生だったセヴァン・カリス＝スズキが、友人たちとつくった共同声明をもとに、日本人が日本人のために作成したものです)

これは私たちの決意表明です。

日本の人口は世界の約2％にも関わらず、石油輸入量は第2位で、エネルギー使用量は第4位です。長年にわたって世界最大の熱帯材輸入国となっています。これほど狭い国土に、世界の約7割のごみ焼却施設を有し、その結果世界一多くのダイオキシンを排出し、生態系に深刻な影響を与えています。

私たちの生活は、地球の環境を損なうことと引き換えに成り立っているのです。

世界有数の先進国の一員として、私たちはまず、地球には限られた資源しかないことを認めます。

次に、日々の行動が、良い方にも悪い方にも、そして現在から未来にわたって、地域コミュニティ、そしてグローバルコミュニティに影響を及ぼすことを認めます。そして私たちは信じています。経済やGDPの無限の成長は、人間の豊かさや幸せの増大を意味しないということを。

今ここに、私たちはより良い未来のために、可能な限り自律的に行動することを誓います。

環境に対する責任を自覚し、持続可能な発展という原則を、生活の中で実践しようと思います。
私は次のような約束をします。

ひとつ、私たちの生態系を敬い、大切にし、その和を守ること。
A 身の回りや地球の自然環境に目を向けよう。
B 自然資源や生態系を保全する動きを応援しよう。
C 人間と自然界に悪影響を与える製品を買わないようにしよう。
D すべての命に思いやりをもって接するようにしよう。そしてそうする人々を応援しよう。

ひとつ、民主主義と社会的公正と平和の文化をつくること。
A 社会、政治、環境をめぐる国際問題について学び、それらがどう相互に関係しているかを理解しよう。
B 新鮮できれいな空気と水に対する人間の基本的な権利を認めよう。
C 社会活動や選挙を通じて自分の声を社会に届けよう。
D すべての人の言動の自由を尊重しよう。
E 非暴力で問題を解決しようとする動きを応援しよう。
F 自分の職場で、社会や自然への負荷を最小限とするために働きかけよう。
G 資金を投資する際には、社会と環境に対する責任を自覚しよう。

ひとつ、資源の消費を控え、環境への負荷を減らすこと。
A いらないものを買う衝動を抑え、買ったときの環境と社会への影響を考えよう。
B 出すゴミの量を減らそう。
C 水のムダ使いをやめよう。
D リサイクルしよう。また、可能な限りリユース製品を買おう。
E 徒歩で、インライン・スケートで、自転車で、または電車などの公共の乗り物で移動しよう。車に乗るならなるべく乗り合いで、または交代で。
F モノがどこでどんな風に作られているかを学び、人や自然に害のない生産の技能を応援しよう。
G 地域で、環境にやさしい方法で作られた食べ物を選ぼう。

この文章が地球憲章や他の様々な改革のための宣言と共に、私たちの思いを世界中に伝えてくれることを望みます。今、責任を持った行動をとれば、未来の人間は私たちの時代を思いやりのある生き方と思いきった変革の時代として思い起こしてくれることになるでしょう。ともに、私たちの「今」を作っていきましょう！

【原文：セヴァン・カリス＝スズキ、イェール大学学生環境連合】
【翻訳：ナマケモノ倶楽部】
【日本語編集：北海道地球温暖化防止活動推進員　ピーター・ハウレット
　　　　　　公立はこだて未来大学　「風の道を探る」プロジェクト】

資料2
なにかをはじめたいあなたに…団体情報リスト

ナマケモノ倶楽部がおすすめする、全国的な活動を展開している団体です。
記載されている情報は2007年6月時点のものです。
ほかにもたくさんのすばらしい団体があります。
ぜひつながりをつくるきっかけにしてください。（各カテゴリー内は50音順）

環境について楽しく学ぼう

●アースマンシップ自然環境教育センター　http://www.earthmanship.com/
〒180-0004 東京都武蔵野市吉祥寺本町4-18-11
TEL／FAX：0422-20-8393　E-mail：info@earthmanship.com
自然の中でのフィールドワークや学びを通して、「生かされていること」の喜びを知り、地球人として何が大切かを考える場や、自分自身のすばらしさを発見する場を提供している。

●特定非営利活動法人エコワークス　http://www.eco-works.or.jp/
〒453-0021 愛知県名古屋市中村区松原町1-24 N201
TEL／FAX：052-481-2243　E-mail：info@eco-works.or.jp
「人は自然から何を学び育てるのか」をテーマに、幼児からシニアまでを対象にした、野外体験・環境教育・エコツーリズム・農業漁業酪農体験等を実施している。

●こどもエコクラブ　http://www.env.go.jp/kids/ecoclub/
環境省が中心となって、全国の自治体で子どもによる環境活動グループを育てている。参加したい場合は、都道府県のこどもエコクラブ事務局（上記HPに記載されている）にお問い合わせを。

●特定非営利活動法人　東京賢治の学校／(有)フィオーナ
http://www1.neweb.ne.jp/wa/kenji/
〒190-0023 東京都立川市柴崎町6 -20 -37
TEL：042-523-7112　FAX：042-523-7113　E-mail：kenji-gakkou@ma.neweb.ne.jp
宮澤賢治、シュタイナーに学び、人の道・命の道にそった教育を実践するNPO法人の学校。自然農や環境教育を大人と子供対象に展開。郷田實氏の仕事、自然農等を伝える映画・ビデオを制作販売。

●日本グルントヴィ協会　http://www.asahi-net.or.jp/~pv8m-smz/
〒811-3404 福岡県宗像市城西ヶ丘3-2-3 清水方
TEL：070-5537-1532　FAX：0940-35-0866　E-mail：mann@asahi.email.ne.jp
デンマークのフォルケホイスコーレ（民衆学校）運動にヒントを得た教育社会運動のネットワーク。教育、表現、地域、環境などを考え、セミナーや地域での様々な活動を行っている。

若い世代の力を環境活動に活かそう

● **A SEED JAPAN**　http://www.aseed.org/
〒160-0022　東京都新宿区新宿5-4-23
TEL：03-5366-7484　FAX：03-3341-6030　E-mail：asj@jca.apc.org
一人が動く。社会は変わる。国境を越えた環境問題とその中に含まれる社会的不正に着目し、より持続可能で公正な社会を目指して活動している。

● **エコ・リーグ（全国青年環境連盟）**　http://portal.eco-2000.net/
〒162-0825　東京都新宿区神楽坂219銀鈴会館507
TEL/FAX：03-5225-7206　E-mail：eleague@mxa.mesh.ne.jp
環境問題に興味を持ち活動する青年をネットワークし、サポートをしている。主な活動として、定期的にギャザリングと呼ばれる泊りがけの交流会を行っている。

食と農からいのちのつながりを考えよう

● **生活協同組合連合会　首都圏コープ事業連合**　http://www.pal.or.jp/group/
〒112-8586　東京都文京区小日向4-5-16
TEL：03-5976-6111　FAX：03-5976-6115　E-mail：info@pal.or.jp
首都圏コープグループのパルシステムは産直と環境にこだわり、安心で信頼できる商品の提供をめざし、50万世帯で利用されている。商品カタログは3種類。暮らしに合わせて選べる。

● **生活クラブ生協連合会**　http://www.seikatsuclub.coop/
〒160-0022　東京都新宿区新宿6-24-20 Welship東新宿6F
TEL：03-5285-1883　FAX：03-5285-1839　E-mail：seikatsu@jca.apc.org
「安全・健康・環境」が生活クラブの原則。添加物や遺伝子組み換え原料の排除、国産原料主体で食料自給の向上、環境にやさしいリターナブルびんの使用を推進している。

● **大地を守る会**　http://www.daichi.or.jp/
〒261-8554　千葉県美浜区中瀬1-3 幕張テクノガーデンD棟21階
TEL：0120-158-183　FAX：043-213-5826　E-mail：support@daichi.or.jp
週に1度お届けの「大地宅配」が活動の中心。有機野菜や合成添加物のない加工食品、安心な化粧品、雑貨類など約3500品目が手に入る。会員は首都圏を中心に8万人。

● **ピースフードアクションnetいるふぁ**
　http://www.tsubutsubu.jp
〒162-0851　東京都新宿区弁天町143-5
TEL：03-3203-2090　FAX：03-3203-2091　E-mail：info@ilfa.org
つぶつぶカフェ　いるふぁ店　〒162-0851 東京都新宿区弁天町143-5　TEL：03-3203-2093
つぶつぶカフェ　長野駅前店　〒380-0823 長野県長野市南千歳1-3-7 アイビースクエア2F　TEL：026-224-2223
つぶつぶピースフードを提唱する市民団体。一人一人が、かけがえのないいのちを生かしキラキラ輝いて生きるための基礎技術としての食の技を研究し伝えています。セミナー、本の出版、カフェの運営など。

環境にいいライフスタイルを創りだそう

●アースガーデン　http://www.earth-garden.jp/
〒150-0002 東京都渋谷区渋谷3-12-24 小池ビル
TEL：03-5468-3282　FAX：03-5468-3285　E-mail：earthgarden@pop07.odn.ne.jp
『オーガニック&エコロジー』をメインテーマに、より豊潤なコミュニケーションの場づくりを目指して、多くのイベントで企画提案や制作運営をおこなっている。

●エコマガジン 月刊ソトコト　http://www.sotokoto.net/
〒104-0045 東京都中央区築地7-12-7（編集部）
TEL：03-3549-1011　FAX：03-3549-1013　E-mail：sotokoto@sotokoto.net
「ロハスピープルのための快適生活マガジン」がテーマの、新しいライフスタイルを追求する人のための雑誌。誌名の由来は「木の下には叡知が宿る」というアフリカのことわざから。

● Enviro-News from Junko Edahiro
　http://www.es-inc.jp/lib/mailnews/index.html
E-mail：info@es-inc.jp
世界の環境問題と取り組みの動行や国内の活動事例などを発信する環境ジャーナリストの枝廣淳子が主催するメールマガジン。現在、7400人に配信。

●特定非営利活動法人　環境市民　http://www.kankyoshimin.org/
〒604-0932 京都市中京区寺町二条下る呉波ビル3F
TEL：075-211-3521　FAX：075-211-3531　E-mail：life@kankyoshimin.org
まちづくり、グリーンコンシューマー活動、環境教育を柱に活動する環境NGO。ボランティアによる多彩な活動が行われている。東海と滋賀にも地域組織がある。全国の環境NGOと共に「日本の環境首都コンテスト」を実施中。

●ナマケモノ倶楽部（The Sloth Club）　http://www.sloth.gr.jp
〒136-0072 江東区大島6-15-2-912
TEL／FAX：03-3638-0534　E-mail：info@sloth.gr.jp
環境運動＋文化運動＋エコビジネスの三分野の融合をめざすNGO。エクアドルを中心としたフェアトレード、スタディツアーの企画など、スローライフを提案・実践している。

●特定非営利活動法人　ネットワーク「地球村」　http://www.chikyumura.org/
〒530-0027 大阪市北区堂山町1-5　大阪合同ビル301
TEL：06-6311-0309　FAX：06-6311-0321　E-mail：office@chikyumura.org
環境と平和のNPOとして1991年に設立。「美しい地球を子どもたちに」という願いで環境調和型社会の実現をめざし、各地で非対立の活動を広げている。

●特定非営利活動法人ビーグッドカフェ　http://begoodcafe.com
〒154-0004 東京都目黒区鷹番3-24-15　カオスビル4階
TEL：03-5773-0225　FAX：03-5773-0226　E-mail：info@begoodcafe.com
地球環境保護や社会問題をテーマに毎月1回開催するトークイベント。オーガニックフードやライブ、オープンマイク、NPO報告コーナーも。東京、京都、大阪、静岡、長野県安曇野等で開催。

国境や民族の違いを大事にしながら環境問題を考えてみよう

●アジア太平洋資料センター(PARC)　http://www.parc-jp.org/
〒101-0063 東京都千代田区神田淡路町1-7-11 東洋ビル3階
TEL：03-5209-3455　FAX：03-5209-3453　E-mail：office@parc-jp.org
南と北の国の人々が対等に生きられる社会づくりに関わる活動を展開。人やモノの移動に伴う人権・環境問題に多くの人が関心を持ち、関われるための媒介役として活動している。

●気候ネットワーク　http://www.kikonet.org/
〒604-8124 京都市中京区高倉通四条上る 高倉ビル305
TEL：075-254-1011　FAX：075-254-1012　E-mail：kyoto@kikonet.org
地球温暖化防止を目的として活動する環境NGOで全国的なネットワーク。国際交渉への参加、調査・研究・政策提言、セミナー・シンポジウムの開催、キャンペーンなどを行っている。

●国際環境NGO　FoE JAPAN　http://www.foejapan.org/
〒171-0031 東京都豊島区池袋3-30-8 みらい館大明1F
TEL：03-6907-7217　FAX：03-6907-7219　E-mail：info@foejapan.org
世界70カ国に100万人のメンバーを持つネットワークFriends of the Earthの日本メンバーとして、1980年より持続可能な社会をめざし国内外の環境問題に取り組んでいる。

●デヴィッド・スズキ基金　http://www.davidsuzuki.org/
セヴァンのお母さんが代表を務める環境NGO。環境問題を解決するヒントを先住民族の英知に求め、とくにカナダの先住民族の環境保全運動を支援している。

●特定非営利活動法人　ナショナルトラスト・チコロナイ
　http://cikornay.hp.infoseek.co.jp
〒055-0101 北海道沙流郡平取町二風谷31-3
TEL：086-297-7166　FAX：01457-2-3991　E-mail：akemi-oae@pop02.odn.ne.jp
北海道本来の森を取り戻したい。その森でアイヌ文化を学ぶと共に環境の保全を図る活動を行っている。寄付金により山を買取保全。現在約20Ha。毎年5月連休には、植林を実施。会員以外の参加も可能。

●REPP(自然エネルギー推進市民フォーラム)　http://www.repp.jp
〒110-0015 東京都台東区東上野1-20-6 丸幸ビル3F
TEL：03-3834-2427　FAX：03-3834-2406　E-mail：office@repp.jp
①自然エネルギー普及啓発のための市民によるグリーンファンド活用。②創エネルギー・省エネルギーの普及を目指した各種プロジェクト。③市民による自然エネルギーのデータ収集・解析事業。

エコビジネスを応援しよう!

●(株)ウインドファーム　http://www.windfarm.co.jp/
〒807-0052 福岡県遠賀郡水巻町下二西3-7-16
TEL：093-202-0081　FAX：093-201-8398　E-mail：info@windfarm.co.jp
世の中が「アンフェア」だからこそ「フェアな」トレードをめざそうと、中南米の有機コーヒーのフェアトレードを行っている。代表の中村隆市は、ナマケモノ倶楽部の世話人の一人。

●お茶の水GAIA　http://www.gaia-ochanomizu.co.jp
〒101-0062 東京都千代田区神田駿河台3-3-13
TEL：03-3294-5154　FAX：03-5280-2330　E-mail：info@gaia-ochanomizu.co.jp
様々な人が集まる都心部で、より多くの人に自然の香りを届けたいとオーガニック＆エコロジーをテーマに野菜から生活雑貨、書籍までを幅広く扱っているshop。通販もあり。

●(有)カフェスロー　http://www.cafeslow.com/
〒183-0051 東京都府中市栄町1-20-17
TEL：042-314-2833　FAX：042-314-2855　E-mail：cafeslow@h4.dion.ne.jp
ナマケモノ倶楽部の運動から生まれたエコビジネスのひとつ。スローでエコロジカルなライフスタイルの提案の場としてのオーガニックカフェ。フェアトレードのコーヒー豆なども販売。

●ぐらするーつ　http://grassroots.jp/
〒150-0042 東京都渋谷区宇田川町4-10 ゴールデンビル1F
渋谷店 TEL／FAX：03-5458-1746　E-mail:info@grassroots.jp
貿易による国際協力をすすめるNGOと有志が草の根貿易の輪をもっと一般の方々に広げていこうと、95年11月、共同出資して生まれたフェアトレードショップ。

●クレヨンハウス　http://www.crayonhouse.co.jp
〒107-8630 東京都港区北青山3-8-15
TEL：03-3406-6492　FAX：03-3407-9568　E-mail：c-help@crayonhouse.co.jp
作家・落合恵子氏が主宰する子どもと女性のための書店。環境フリーな玩具から、自然食の八百屋やオーガニックレストランも併設。出版活動なども通じ、新しいライフスタイルを提起している。

●スロービジネススクール　http://www.slowbusiness.org/
〒807-0052 福岡県遠賀郡水巻町下二西3-7-16 ウインドファーム内
TEL：093-202-0081　FAX：093-201-8398　E-mail：sbc@slowbusiness.org
2004年5月に開校。様々な職業、年代の人が「いのちを大切にする仕事＝スロービジネス」を学び、実践している。2006年2月には中間法人「スロービジネスカンパニー」もスタート。

●パタゴニア日本支社　http://www.patagonia.com/japan
〒248-0006 鎌倉市小町1-13-12本覚寺ビル
FREETEL：0088-252-252　FREEFAX：0088-216-216　E-mail：customerservice@patagonia.co.jp
「ビジネスを通じて危機的状況にある環境問題に解決策を提案していく」アウトドア・ウェア・メーカー（本社：アメリカ・カリフォルニア）。助成金やイベント開催など、環境グループ支援を行っている。

●非電化工房　http://www.hidenka.net/
未来世代に放射性廃棄物を残す原発や地球温暖化をとめるために、電化製品を減らし、電気を使わない「非電化製品」を作り始めている会社。非電化除湿機、冷蔵庫などが試作されている。

●ピープル・ツリー　http://www.peopletree.co.jp
〒158-0083 東京都世田谷区奥沢5-1-16-3F
TEL：03-5731-6671　FAX：03-5731-6677　E-mail：info@peopletree.co.jp
「買い物を通じて楽しくエコロジー、気軽に国際協力」をキャッチフレーズに、20ヶ国から衣料品、アクセサリー、雑貨など幅広いフェアトレード商品を販売。自由が丘と表参道に直営店「ピープル・ツリー」あり。

●ヘンプ製品普及協会　http://www.hemp-revo.net
〒136-0072 東京都江東区大島6-15-2-912
TEL：03-3681-6861　FAX：03-3638-0534　E-mail：akahoshi@hemp-revo.net
日本古来の植物「麻」が環境にやさしいバイオマス素材として注目を浴びている。協会では、伝統的文化の継承と持続可能な産業をめざし、麻を衣食住の分野で活用する商品開発を行っている。

●(株)山田養蜂場　http://www.3838.com
〒708-0393 岡山県苫田郡鏡野町市場194
TEL：0868-54-1906　FAX：0868-54-3346　E-mail：shop@3838.com
養蜂業を通じて学んだ「自然環境の大切さ」「自然への感謝の心」などを現代社会に伝える活動を展開。自然エネルギーの導入や植樹活動など様々な環境保護活動などを行っている。

セヴァン・カリス＝スズキ（SEVERN CULLIS-SUZUKI）

　1979年生まれ。カナダ在住、日系4世。幼いときに両親と訪れたアマゾンへの旅がきっかけで、9歳のときにECO（the Environmental Children's Organization）という環境学習グループを立ち上げる。1992年、ブラジルのリオ・デ・ジャネイロで「自分たちの将来が決められる会議」が開かれることを耳にしたセヴァンは、「子どもこそがその会議に参加すべき！」と自分たちで費用を貯め、「地球環境サミット」へ参加。NGOブースでのねばり強いアピール活動が実を結び、サミット全体会でセヴァンは「子ども代表」としてスピーチするチャンスを獲得する。12歳にして大人を圧倒させた感動的なスピーチは、「リオの伝説のスピーチ」として、世界中で紹介されることとなる。

「地球環境サミット」以降、世界中の学校や企業、国際会議やミーティングに招かれ活動してきたセヴァンは、1993年に「グローバル500賞」を受賞したほか、1997〜2001年にかけては「国連地球憲章」を作る作業に青年代表として携わった。

　2002年、米国イエール大学卒業と同時に、セヴァンはNGO「スカイフィッシュ・プロジェクト」（セヴァンの大好きな湖から命名）（http://www.skyfishproject.org）を立ち上げる。最初に取り組んだ「ROR（責任の認識）」プロジェクトでは、国際的なキャンペーンを展開。日本のNGOに招かれて来日し、大きな反響を巻き起こした。大好きな場所を守りたいという気持ちが、常にセヴァンの心を"行動"へと動かしている。

ナマケモノ倶楽部(THE SLOTH CLUB)

　ナマケモノ倶楽部(ナマクラ)は、1999年7月に生まれた市民グループ(NGO)。合い言葉は「ナマケモノになろう!」。実は、ナマケモノは、「省エネ、平和、循環型ライフスタイル」を長い間、ジャングルの中でひっそりと実践してきた動物なのだ。ナマクラをはじめたのは、アンニャ・ライト(ディープエコロジスト)、中村隆市(エコ事業家)、辻信一(文化人類学者)の三人。子どものみんなも参加できるよ!「ナマケる」ことは、だらだらしたり、何もしないことじゃない。ナマケモノ会員たちはむしろ毎日いそがしい。なぜって?　それは、ナマケモノのように、できるだけ電気やガスなどのエネルギーを使わずに、地球にやさしい生き方を実践しよう、周りに広めちゃおう、省エネグッズも作っちゃおうと、行動することを楽しんでいるから。

　赤道の真下にある中南米の国、エクアドルを知ってる?　ガラパゴス諸島や首都キトが有名な国。ナマケモノ倶楽部では、エクアドルの人たちと一緒にフェアトレード(生産者と消費者の対等な関係をめざした取引)やエコツアーを行っている。ほかにもペットボトルや缶ジュースを飲むかわりに自分の水筒をもとうとか、夏至の日に電気を消して暗闇を楽しもうなど、みんなに「ナマケる」ことをすすめているよ。

　セヴァンもセヴァンのお父さんもナマケモノ会員。ナマケモノ倶楽部は、これからもセヴァンと一緒に「ナマケモノになって世界を変えよう!」を呼びかけていくよ。ぜひみんなも一緒に活動に参加してね。(連絡先はP61)

あなたが世界を変える日
12歳の少女が環境サミットで語った伝説のスピーチ

2003年 7月15日　初版発行
2008年 2月21日　21刷発行

著者　　　セヴァン・カリス=スズキ（Severn Cullis-Suzuki）
編・訳者　ナマケモノ倶楽部（The Sloth Club, Japan）
©SEVERN CULLIS-SUZUKI and THE SLOTH CLUB, JAPAN 2003, Printed in Japan

装丁・本文デザイン　坂川栄治（坂川事務所）
本文レイアウト　D.tribe
イラスト　山内マスミ
Special Thanks　Jeff Topham & The Skyfish Project

発行者　光行淳子
発行所　学陽書房
　　　　東京都千代田区飯田橋1-9-3
　　　　編集　TEL 03-3261-1112
　　　　営業　TEL 03-3261-1111　FAX 03-5211-3300

振替口座　00170-4-84240

印刷　文唱堂印刷
製本　東京美術紙工

ISBN978-4-313-81206-2　C0036
乱丁・落丁は送料小社負担にてお取り替えいたします。
定価はカバーに表示してあります。
●本書は再生紙を使用しています。